FORSCHUNGSBERICHTE DES LANDES NORDRHEIN-WESTFALEN
Nr. 2460

Herausgegeben im Auftrage des Ministerpräsidenten Heinz Kühn
vom Minister für Wissenschaft und Forschung Johannes Rau

Priv.-Doz. rer. nat. Franz-Rudolf Block
Dr.-Ing. Surwolf Husmann
Prof. Dr.-Ing. Dres. h.c. Hermann Schenck
Prof. Dr.-Ing. Werner Wenzel
Institut für Eisenhüttenkunde
der Rhein.-Westf. Techn. Hochschule Aachen

Elektromagnetische
Fördereinrichtungen
für flüssige Metalle

Westdeutscher Verlag 1975

© 1975 by Westdeutscher Verlag GmbH, Opladen
Gesamtherstellung: Westdeutscher Verlag

ISBN-13: 978-3-531-02460-8     e-ISBN-13: 978-3-322-88274-5
DOI: 10.1007/978-3-322-88274-5

## Inhaltsübersicht

| | | Seite |
|---|---|---|
| 1. | Einleitung | 1 |
| 2. | Elementare Theorie der Wanderfeld-Förderrinne | 2 |
| 2.1. | Übersicht über die physikalischen Grundlagen | 2 |
| 2.2. | Strömungsverhältnisse in der flüssigen Metallschicht | 7 |
| 2.3. | Wirkungsgrad | 11 |
| 3. | Versuche | 13 |
| 3.1. | Linearer flacher Induktor mit rechteckigem Kanal | 13 |
| 3.1.1. | Versuchsanlagen | 13 |
| 3.1.2. | Versuchsaufbau | 15 |
| 3.1.3 | Versuchsdurchführung | 16 |
| 3.1.4. | Versuchsergebnisse | 18 |
| 3.2. | Lineare flache Pumpen und zylindrische Pumpen mit rundem Kanal | 19 |
| 3.2.1. | Versuchsaufbau | 19 |
| 3.2.2. | Versuchsdurchführung und Versuchsergebnisse | 20 |
| 3.3. | Einsatzmöglichkeiten | 26 |
| 4. | Zusammenfassung | 29 |
| 5. | Häufig verwendete Formelzeichen | 30 |
| | Abbildungen | 33 |

1. Einleitung

Der Transport von flüssigem Roheisen und Stahl in Hüttenwerken erfolgt gegenwärtig noch in diskontinuierlichen Arbeitsabläufen und entzieht sich damit weitgehend der Automatisierung. Für neue kontinuierliche Verfahren zur Stahlherstellung wird jedoch ein kontinuierlicher Transport der Schmelze zwischen den einzelnen Verfahrensabschnitten angestrebt. Dies hat die Entwicklung von elektromagnetischen Fördereinrichtungen für die Anforderungen der Hüttenindustrie ausgelöst. Die ersten systematischen Versuche wurden ab 1960 in der UdSSR durchgeführt, nachdem in Voruntersuchungen gezeigt wurde, daß der Transport von flüssigen Metallen mit linearen flachen Induktoren wirtschaftliche Vorteile bringen kann.

Im Institut für Eisenhüttenkunde der RWTH Aachen sind im Rahmen des Forschungsvorhabens "Elektromagnetische Förderung von flüssigem Eisen" und in Zusammenarbeit mit verschiedenen Industriefirmen betriebsfähige elektromagnetische Fördereinrichtungen entwickelt und erprobt worden.

In diesem Abschlußbericht wird über experimentelle und theoretische Arbeiten auf dem Gebiet der Förderung flüssiger Metalle mit Wanderfeld-Förderrinnen und Pumpen berichtet.

2. Elementare Theorie der Wanderfeld-Förderrinne

2.1. Übersicht über die physikalischen Grundlagen

Die elektromagnetische Kraftdichte $f$, die zur Förderung des flüssigen Metalls genutzt wird, ergibt sich aus dem vektoriellen Produkt aus der elektrischen Stromdichte $\vec{s}$ und der magnetischen Induktion $\vec{B}$:

$$\vec{f} = \vec{S} \times \vec{B} . \tag{2.01}$$

Der Strom wird induziert oder über Kontakte zugeführt.
In dreiphasigen Anlagen wird die Stromdichte durch ein räumlich und zeitlich veränderliches Magnetfeld im flüssigen Metall induziert. Ein solches Magnetfeld wird z.B. durch eine Anordnung erzeugt, welche man sich aus dem Ständer eines Drehstrom-Induktionsmotors entstanden denken kann, der an einer Stelle aufgeschnitten und in die Ebene ausgebreitet wurde. Man erhält dann ein kastenförmiges flaches Blechpaket mit Nuten, in die eine Drehstromwicklung eingelegt ist. Eine solche Anordnung wird als linearer flacher Induktor bezeichnet.

Ähnlich wie im Ständer eines Induktionsmotors ein Drehfeld entsteht, erzeugt ein solcher Induktor bei Speisung mit Drehstrom ein Wanderfeld, das sich in Längsrichtung des Induktors bewegt. Bringt man in das Wanderfeld ein leitfähiges Medium, so werden in diesem elektrische Ströme induziert. Sie treten in Wechselwirkung mit dem magnetischen Feld und erzeugen elektromagnetische Kräfte, die das Medium in Richtung des Wanderfeldes mitzuführen suchen. Dabei ist es grundsätzlich gleich, ob das leitfähige Medium fest oder flüssig ist.

Der lineare flache Wanderfeld-Induktor als Sonderform des Drehstrom-Induktionsmotors ist bereits im Zusammenhang mit induktiven Vorrichtungen zum Umrühren von Metallschmelzen und als Linearmotor bekannt geworden. Die physikalisch-elektrotechnische Theorie dieser Anlagen stimmt mit der von Wanderfeld-Induktionspumpen für Alkalimetalle weitgehend überein. An ihrer Vervollkommnung wird - besonders in

Rußland - weiterhin gearbeitet, wie neuere Veröffentlichungen zeigen. Wegen der besonderen Probleme, die bei der Bewegung des flüssigen Metalls im magnetischen Wanderfeld auftreten, wird die Theorie der elektromagnetischen Pumpen auch der Magnetohydrodynamik als Grenzgebiet zugeordnet.

Die elektormagnetische Kraftdichteverteilung, die von linearen flachen Induktoren herrührt, erlaubt es in manchen Fällen, das flüssige Metall statt in einem geschlossenen Kanal in einer offenen Rinne zu fördern. Besonders beim Betrieb mit hochschmelzenden Metallen ergeben sich dadurch Vorteile, da der Förderkanal leicht zugänglich ist und mit Gasbrennern beheizt werden kann.

Dies hat zur Entwicklung einer elektromagnetischen Fördereinrichtung mit einem einzelnen linearen, flachen Wanderfeld-Induktor geführt, deren Aufbau in Bild 1 gezeigt ist. Diese Anordnung soll im folgenden als Wanderfeld-Förderrinne bezeichnet werden.

Auf die Wiedergabe der einzelnen Berechnungen der elektromagnetischen Felder wird hier verzichtet.

Auch die Ergebnisse der verschiedenen Arbeiten auf diesem Gebiet werden nur soweit dargestellt werden, wie sie für die Beschreibung der Transportvorgänge benötigt werden.

Die Komponente der elektromagnetischen Kraftdichte in Förderrichtung $f_x$ berechnet sich aus

$$f_x = S_y B_z - S_z B_y . \qquad (2.02)$$

Für die üblichen Anordnungen sind die z-Komponenten der induzierten Ströme klein gegenüber den y-Komponenten. Da die beiden Komponenten der magnetischen Induktion von gleicher Größenordnung sind, kann der Subtrahend der rechten Seite gegenüber dem Minuend vernachlässigt werden. Es genügt, die z-Komponente der Induktion und die y-Komponente der induzierten Stromdichte zu berechnen.

Die z-Komponente der Induktion läßt sich für eine Wanderfeld-Förderrinne wie folgt darstellen:

$$B_z = B_0\, e^{-\frac{\pi}{\tau}z}\, \cos\left(\frac{\pi}{\tau}x - \omega_1 t\right) \qquad \text{x)} \qquad (2.03)$$

Hierbei sind $\tau$ die Polteilung und $B_0$ die Amplitude der Induktion auf der Induktoroberfläche, die sich für einen vorgegebenen Scheitelwert des Induktorstrombelags $A_m$ aus der Beziehung

$$B_0 = \mu_0\, A_m$$

ergibt.

Bei nichtleitenden Wänden berechnet sich die y-Komponente der Stromdichte in erster Näherung zu [11]:

$$S_y = \frac{\omega\,\tilde{\tau}}{\varrho\,\pi} B_0\, e^{-\frac{\pi}{\tau}z}\left(1 - \frac{ch\frac{\pi}{\tau}y}{ch\frac{\pi}{\tau}c}\right)\cos\left(\frac{\pi}{\tau}x - \omega t\right) \qquad (2.04)$$

Die y-Komponente der induzierten Stromdichte $S_y$ hat in der Kanalmitte ein Maximum und fällt zu den Rändern hin auf Null ab. Dadurch kommt es zu dem für eine lineare flache Wanderfeld-Förderrinne charakteristischen Effekt, daß die für die Förderung wirksame Komponente der zeitlich gemittelten elektromagnetischen Kraftdichte $\overline{f_x}$ an den Rändern zu Null wird. Für die Verteilung der Kraftdichte $\overline{f_x}$ in der flüssigen Metallschicht ergibt sich der folgende Ausdruck:

$$\overline{f_x} = s\,\frac{f_1\,\tilde{\tau}}{\varrho}\, B_0^2\, e^{-\frac{2\pi}{\tau}z}\left(1 - \frac{ch\frac{\pi}{\tau}y}{ch\frac{\pi}{\tau}c}\right) \qquad (2.05)$$

---

x) Die in diesem Bericht verwendeten Formelzeichen sind auf Seite 30 erklärt.

In Bild 2 ist das Profil der Kraftdichte $\overline{f_x}$ über den Kanalquerschnitt der Wanderfeld-Förderrinne skizziert.

In einigen Fällen ist es zweckmäßig, mit einem über den Kanalquerschnitt gemittelten Wert der Kraftdichte $\overline{\overline{f_x}}$ zu rechnen. Die Integration ergibt:

$$\overline{\overline{f_x}} = s \frac{f_1 \cdot \tau}{\rho} B_0^2 K_q \overline{K_B^2} \quad . \tag{2.06}$$

Hierbei ist $K_q$ der sogenannte Querreduktionsfaktor, der die Mittelung über die Kanalbreite darstellt und der vom Verhältnis der halben Kanalbreite zur Polteilung $c/\tau$ abhängt:

$$K_q = 1 - \frac{th \frac{\pi}{\tau} c}{\frac{\pi}{\tau} c} \quad . \tag{2.07}$$

Der Faktor $\overline{K_B^2}$ enthält die Mittelung über die Kanalhöhe. Er hat den Wert:

$$\overline{K_B^2} = e^{-2\frac{\pi}{\tau}(d+\frac{a}{2})} \frac{sh \frac{\pi}{\tau} a}{\frac{\pi}{\tau} a} \quad . \tag{2.08}$$

Die Kraftdichte $\overline{\overline{f_x}}$ in der Metallschicht einer Wanderfeld-Förderrinne hängt also von der Betriebsfrequenz $f_1$, der Dicke der Kanalzustellung d, der Dicke der Metallschicht a, dem spezifischen elektrischen Widerstand $\rho$ des geförderten Metalls und dem Schlupf s ab.

Durch ein zweites Blechpaket ohne Wicklung, das auf den Förderkanal aufgesetzt wird (Bild 3), kann die magnetische Induktion in der Metallschicht einer Wanderfeld-Förderrinne bei gleichem Induktorstrombelag erhöht werden, da der Weg der magnetischen Feldlinien verkürzt wird. Der Faktor $K_B$ hat in diesem Fall die Form:

$$K_B = \frac{1}{th\frac{\pi}{\tau}\delta} \cdot \frac{ch\frac{\pi}{\tau}(z-\delta)}{ch\frac{\pi}{\tau}\delta} \quad . \tag{2.09}$$

Hierbei ist $\delta$ der Abstand der beiden Induktoren.

Bei der Förderung von flüssigem Eisen muß der Kanal mit feuerfestem Material zugestellt sein. Da die elektrische Leitfähigkeit der gebräuchlichen feuerfesten Materialien gegenüber der des Eisens vernachlässigbar klein und ihre Permeabilität gleich der des Vakuums ist, wirkt die Zustellung auf das Induktorfeld wie ein Luftspalt. Da mit wachsendem Abstand der Metallschicht von der Induktoroberfläche die Kraftdichte wesentlich sinkt, ergibt sich die Forderung, die Dicke d der Zustellung zwischen Induktor und Metallschicht möglichst gering zu halten.

## 2.2. Strömungsverhältnisse in der flüssigen Metallschicht

Beim Betrieb von elektromagnetischen Fördereinrichtungen interessiert besonders die Abhängigkeit der pro Zeit geförderten Menge M, kurz Fördermenge genannt, von der Wirkleistung $P_1$ des Induktors. Wegen der ungleichen Verteilung der induzierten Kraftdichte in der flüssigen Metallschicht ergeben sich komplexe Strömungsverhältnisse.

In der Hydrodynamik wird üblicherweise die Strömung von Wasser bei konstanter Kraftdichte betrachtet. Die zugehörigen empirischen Formeln sollen zu einer Abschätzung der Förderleistung herangezogen werden. Die kinematische Zähigkeit des flüssigen Eisens liegt in derselben Größenordnung wie die des Wassers.

In der Wanderfeld-Förderrinne wird das Metall in einem offenen Kanal gefördert. Die Schichtdicke nimmt unterschiedliche Werte an.

Im folgenden soll die Strömung mit hydrodynamischen Ansätzen behandelt werden, wie sie von offenen Gerinnen her bekannt sind.

Zur Abschätzung der Fördergeschwindigkeit werden zwei Modelle betrachtet:

Modell 1: Die elektromagnetische Kraftdichteverteilung im flüssigen Eisen wird durch einen Mittelwert ersetzt; die Strömung wird nach den Formeln für offene Gerinne berechnet.

Modell 2: Die Strömung wird in Teilströmungen unterteilt, die einzeln als offene Gerinne behandelt werden.

Auf ein Metallvolumen wirken die Schwerkraft $\vec{g}$ und die elektromagnetische Kraftdichte $\vec{f}$ (Bild 4).

Eine Förderung des Metalls setzt dann ein, wenn die x-Komponente der elektromagnetischen Kraft auf die Volumeneinheit der Flüssigkeit größer wird als die entsprechende Komponente der Schwerkraft:

$$\overline{f}_x > |g_x| = \gamma \sin \alpha \tag{2.10}$$

Es soll zunächst abgeschätzt werden, bei welcher Induktorleistung die Förderung einsetzt. Bei den Versuchen mit flüssigem Eisen hat sich gezeigt, daß die geringste Schichtdicke, die sich noch stabil einstellen läßt, bei a = 1 cm liegt. Bei geringeren Schichtdicken schnürt sich das Metall infolge der Oberflächenspannung ein, und es entsteht eine unregelmäßige Förderung. Als Bedingung für das Einsetzen der Förderung auf der Wanderfeld-Förderrinne wird daher angenommen, daß die mittlere Kraftdichte $\overline{f}_x$ einer Schicht von a = 1 cm Dicke größer als die entgegengerichtete Schwerkraftkomponente sein muß:

$$\overline{f}_x > \gamma \sin \alpha \; ; \; a = 1 \text{ cm}. \tag{2.11}$$

Der Nutzdruck $p_N$, bei dem eine Förderung auf der Wanderfeld-Förderrinne einsetzt, ist definiert durch:

$$p_N = \gamma \, L' \, \sin \alpha . \tag{2.12}$$

Das Produkt

$$p = \overline{f}_x \, L' \tag{2.13}$$

bezeichnen wir als Gesamtdruck p. Damit läßt sich die Förderbedingung auch durch die Beziehung: $p > p_N$, a = 1 cm ausdrücken.

Die mittlere Fördergeschwindigkeit $\bar{v}_M$ des flüssigen Metalls ist eine Funktion des Gesamtdrucks p, des Nutzdruckes $p_N$, der Dicke der Zustellung d und der Schichtdicke a, die hier unbekannt ist.

Zu ihrer Berechnung gehen wir aus von der DE CHEZY'schen Gleichung für turbulente Strömungen:

$$\bar{v}_M = \sqrt{\frac{2 \cdot g}{\psi} r_h} \sqrt{J} \ . \tag{2.14}$$

Darin ist g die Erdbeschleunigung, $\psi$ ist eine Widerstandsziffer, die von der Kanalbeschaffenheit abhängt, und $r_h$ ist der hydraulische Radius, der sich für einen rechteckigen Kanal mit der Breite 2c und einer Schichtdicke a nach der Formel

$$r_h = \frac{a \cdot 2c}{2a + 2c} \tag{2.15}$$

berechnet.

Die Widerstandsziffer erhält man aus der für ein offenes Gerinne empirisch ermittelten Formel [10]:

$$\psi = 0{,}0026 \left(1 + \sqrt{\frac{\alpha'^2}{r_h}}\right) , \tag{2.16}$$

wobei $\alpha'$ eine Konstante ist, die von der Kanalbeschaffenheit abhängt. Für Mauerwerk wird der Wert $\alpha' = 0{,}46 \ m^{1/2}$ angegeben.

Die Größe J wird in der Hydromechanik "Gefälle" genannt. An die Stelle des Gefälles J tritt in Modell 1 ein mittleres Gefälle $\bar{\bar{J}}$:

$$\bar{\bar{J}} = \frac{\bar{\bar{f}}_x}{g} - \sin\alpha = \frac{p - p_N}{\rho L} \tag{2.17}$$

Wenn die Kraftdichte $\overline{\overline{f}}_x$ bekannt ist, kann damit die mittlere Fördergeschwindigkeit $\overline{v}_m$ näherungsweise berechnet werden.

Fließt am Einlauf soviel Metall zu, daß die Rinne ihre maximale Fördermenge erreicht, stellt sich eine bestimmte Schichtdicke $a = a(p, p_N, d)$ im Kanal ein. Zur Abschätzung der Schichtdicke wird die Grenzbedingung benutzt, daß an der Oberfläche der Metallschicht die über die Breite gemittelte Kraftdichte gerade gleich der Schwerkraftkomponente ist:

$$\overline{\overline{f}}_x \bigg|_{z=d+a} = \frac{\tau f_t}{\rho} B_o^2 K_B^2(d,a) K_q = g \cdot \sin\alpha , \qquad (2.18)$$

Die explizite Bestimmung der Schichtdicke a erfolgt numerisch. Die Strömungsverteilung in der flüssigen Metallschicht einer Wanderfeld-Förderrinne läßt sich abschätzen, indem man das zweite Modell benutzt: man teilt die Kanalbreite in Abschnitte der Breite a ein und berechnet für jeden dieser Abschnitte eine mittlere Geschwindigkeit nach Gleichung (2.11), indem man die Kraftdichteverteilung in diesem Bereich durch ihren Mittelwert ersetzt. Dies ist zulässig, da die mittlere Geschwindigkeit einer turbulenten Strömung bei konstanter Kraftdichte nahezu unabhängig von der Breite des Kanals ist. Aufgrund der geringen Schichtdicke a kann man die Änderungen der Kraftdichte über die Höhe vernachlässigen, d.h. die Kraftdichte durch einen konstanten Mittelwert ersetzen.

Dies legt es nahe, den Kanal in Abschnitte der Breite a einzuteilen, den hydraulischen Radius $r_h = a$ zu wählen und die Strömungen in diesen Bereichen einzeln zu behandeln.

Das Gefälle $\bar{J}(y)$ erhält man aus Gleichung (2.17) mit (2.o5):

$$\bar{J}(y) = s \frac{f_1 \bar{l}}{g \rho} B_0^2 \bar{K}_B^2 \frac{1}{a} \int_{y-\frac{a}{2}}^{y+\frac{a}{2}} \left(1 - \frac{ch \frac{\pi}{\tau} y}{ch \frac{\pi}{\tau} b}\right) dy - \sin\alpha. \quad (2.19)$$

In Bild 5 ist qualitativ die Verteilung des Gefälles $\bar{J}(y)$ über die Kanalbreite für einen speziellen Fall und die daraus berechnete mittlere Geschwindigkeitsverteilung $\bar{v}(y)$ aufgetragen. Nur in der Mitte des Kanals ergibt sich eine Strömung in Richtung der induzierten Kraftdichte. Zu den Kanalrändern hin vermindert sich die Strömungsgeschwindigkeit. In den Bereichen, in denen das Gefälle einen negativen Wert annimmt, strömt das Metall zurück. An den seitlichen Kanalwänden nimmt die Geschwindigkeit wegen der Haftung den Wert Null an. Hinsichtlich der Verteilung der Geschwindigkeit über die Schichthöhe kann mit diesen Methoden keine Aussage gemacht werden.

## 2.3. Wirkungsgrad

Der mechanische Wirkungsgrad $\eta_m$ einer elektromagnetischen Förderanlage ist definiert als das Verhältnis der genutzten mechanischen Leistung $P_m$ zur gesamten zugeführten elektrischen Wirkleistung $P_{el}$ [9,11]:

$$\eta_m = \frac{P_m}{P_{el}}. \quad (2.20)$$

Die genutzte mechanische Leistung $P_m$ ist gleich der mechanischen Gesamtleistung $P_{2m}$ abzüglich der hydraulischen Verluste.

Die Wirkleistung $P_{el}$ ergibt sich aus der Summe der ohmschen

Verluste $P_1$ in der Induktorwicklung und der über den Luftspalt auf das Fördermedium übertragenen Wirkleistung $P_2$:

$$P_{el} = P_1 + P_2 . \qquad (2.21)$$

Die Luftspaltleistung kann man aufspalten in die ohmsche Verlustleistung $P_{2v}$ im Fördermedium und die mechanische Gesamtleistung $P_{2m}$:

$$P_2 = P_{2v} + P_{2m} \qquad (2.22)$$

Dabei ist:

$$P_{2v} = s \cdot P_2 , \qquad (2.23)$$

$$P_{2m} = (1 - s) \cdot P_2 . \qquad (2.24)$$

Beim Transport von flüssigem Metall mit induktiven Fördereinrichtungen ist dessen Erwärmung durch die ohmschen Verluste erwünscht. Die Verlustleistung $P_{2v}$ kann daher auch zu der nutzbaren Leistung gezählt werden. Man definiert entsprechend einen Gesamtwirkungsgrad $\eta_g$:

$$\eta_g = \frac{P_2}{P_{el}} = \frac{P_{2m} + P_{2v}}{P_{el}} . \qquad (2.25)$$

Er gibt an, welcher Anteil der dem Induktor zugeführten Wirkleistung $P_{el}$ für den Transport und die Erwärmung des Metalls genutzt wird.

## 3. Versuche

### 3.1. Linearer flacher Induktor mit rechteckigem Kanal

#### 3.1.1. Versuchsanlagen

Die Versuche mit Wanderfeld-Förderrinnen dienten zur Bestimmung der elektrischen Daten und der Betriebsverhältnisse bei der Förderung von flüssigem Eisen. Sie bildeten die Grundlage bei den Untersuchungen zur Gegenstrommetallurgie von Eisen und Schlacke.

Zwei Anlagen wurden erprobt:

1) Für die kleintechnischen Versuche im Institut für Eisenhüttenkunde der RWTH Aachen stand eine Wanderfeld-Förderrinne mit folgenden Daten zur Verfügung:

   Länge L = 1560 mm
   Breite 2c = 255 mm
   Polzahl 2 p = 8
   Polteilung T = 195 mm
   Nutteilung $T_N$ = 65 mm
   Nuten pro Pol
   und Phase q = 1
   Leiter pro Nut Z/N = 18

2) Für die Versuche im betriebstechnischen Maßstab wurde eine Wanderfeld-Förderrinne entwickelt und vor einem Hochofen im Hüttenwerk Hagen-Haspe [x] der Klöckner AG eingesetzt. Der Induktor hat folgende Daten:

   Länge L = 6210 mm
   Breite 2c = 300 mm
   Polzahl 2p = 23
   Polteilung T = 270 mm
   Nutteilung $T_N$ = 30 mm
   Nuten pro Pol
   und Phase q = 3
   Leiter pro Nut Z/N = 2

---

[x] Den Klöckner-Werken wird für ihre freundliche Unterstützung herzlich gedankt.

Im Institut für Eisenhüttenkunde standen die für eine eingehende Erprobung notwendigen Eisenmengen nicht zur Verfügung, während in Hagen-Haspe beim Hochofenabstich genügend Roheisen für einen stationären Betrieb abgezweigt werden konnte. Im folgenden wird daher bevorzugt über diese Versuche berichtet. Sie wurden mit dem zuletzt beschriebenen Induktor durchgeführt.

Das Blechpaket des Induktors ist aus gestanzten Dynamoblechen geschichtet und mit Stahlbolzen verspannt, die durch Bohrungen im Blechpaket hindurchgehen. Zur Kühlung des Blechpaketes sind Kupferbleche von 6 mm Dicke mit eingeschichtet, an die auf der Rückseite des Induktors wassergekühlte Kupferrohre angelötet sind.

Als Induktorwicklung ist eine abgestufte Zweischicht-Schleifenwicklung ausgeführt. Zur Isolierung waren die Leiter zunächst mit einem gesinterten Kunststoffüberzug versehen. Später wurde dieser durch eine Isolation aus kunstharzgetränktem Glasseidenband ersetzt.

Die Nuten des Induktors haben folgende Abmessungen:

        Nutbreite:        22 mm,
        Nuttiefe:         24 mm,
        Zahnbreite:      8 mm.

Die Nut ist nach oben hin offen. Später wurden Wicklung und Nut mit Kunstharz vergossen, da Staubkörner durch Vibrationen die Isolierung angegriffen hatten.

Das Kühlwasser wird der Wicklung aus einem Sammelrohr seitlich des Induktors über Druckschläuche zugeführt. Pro Phase wurden vier parallelgeschaltete Kühlkreisläufe verwendet. Ein Druckwächter am Einlauf verhinderte das Einschalten des Induktors ohne Wasserkühlung.

### 3.1.2. Versuchsaufbau

Bild 6 zeigt den Aufbau der Versuchsanlage. Das flüssige Roheisen wird aus der Hochofenabstichrinne abgezweigt und fließt in den Einlaufkasten der Rinne. Das geförderte Roheisen fließt in eine Roheisenpfanne, die nach dem Versuch auf einer Waage mit ± 100 kg Genauigkeit gewogen werden kann.

Bild 7 zeigt den Aufbau der Wanderfeld-Förderrinne im Querschnitt. Der Förderkanal ist aus feuerfesten Steinen gemauert. Bei der Förderung von Roheisen sind Schamotte-Steine der Qualität AO verwendet worden. Der Induktor wird zunächst mit einer Lage Fiberfrax-Papier abgedeckt. Es folgt eine Schicht von 20 mm dicken Schamotteplättchen. Darüber werden hochkant Normalsteine an die Seitenwände gesetzt und der Zwischenraum zwischen den Normalsteinen mit Platten von 30 mm Dicke ausgemauert. Der Kanal wird zusätzlich mit flüssigem Mörtel bestrichen, damit alle Fugen geschlossen werden.

Zum Vorheizen der feuerfesten Zustellung und zur Verminderung der Wärmeverluste kann die Wanderfeld-Förderrinne mit einer gasbeheizten Haube versehen werden.

Der Induktor ist auf einem Rahmen aus Stahlträgern befestigt. Darüber ist ein weiterer Rahmen zur Aufnahme des feuerfesten Kanals und der Sammelrohre für das Kühlwasser angebracht, der von dem unteren Rahmen abgehoben werden kann. Zur seitlichen Begrenzung der feuerfesten Zustellung erhält der obere Rahmen zwei wassergekühlte U-Eisen. Die ganze Anordnung ist auf einer Wippe gelagert, so daß die Steigung über eine Winde zwischen $5°$ und $12°$ verändert werden kann.

Der Induktor ist über einen Drehstrom-Stelltransformator
von 3oo kVA Nennleistung ans Netz angeschlossen. Die verkettete
Spannung kann in zwei Bereichen stufenlos unter
Last zwischen 2oo V und 4oo V eingestellt werden. Zur Kompensation
der Blindleistung ist dem Induktor eine Kondensatorbatterie,
bestehend aus 23 Kondensatoren zu je 42,5 kVA
in Dreieckschaltung, parallelgeschaltet, so daß der Transformator
nur den Wirkstrom des Induktors aufnimmt. Die Kondensatoren
sind in einem Schrank in unmittelbarer Nähe der
Rinne untergebracht, der auch die Schalttafel mit der Bedienungseinrichtung
der Rinne enthält. Von dort aus kann
die Rinnenspannung eingestellt werden. Zwei Meßgeräte zeigen
die verkettete Spannung am Induktor und den Sekundärstrom
einer Phase des Transformators an. Über ein Wendeschütz
kann die Phasenfolge des Drehstroms vertauscht werden,
und damit die Förderrichtung umgekehrt werden.

### 3.1.3. Versuchsdurchführung

Bei den ersten Versuchen wurden die elektrischen Daten der
Wanderfeld-Förderrinne gemessen. In **Tabelle 1** sind die Meßwerte
für die Induktorspannung $U_v$, den Induktorphasenstrom
$I_1$, den Sekundärstrom $I_w$ des Transformators und die Wirkleistung
$P_1$ des Induktors aus zwei Versuchen im Leerlauf und
Betrieb wiedergegeben. Aus diesen Werten wurden die Scheinleistung
$S_1$, die Blindleistung $Q_1$ und der Leistungsfaktor
$\cos \varphi$ berechnet.

Die Messungen zeigen, daß die verketteten Spannungen und
die Induktorphasenströme nahezu symmetrisch sind, während
die an der Sekundärseite des Transformators gemessenen kompensierten
Ströme in den einzelnen Phasen geringe Unterschiede
aufweisen. Aus den Meßwerten wurde ein mittlerer ohmscher
Widerstand pro Phase von $R_1 = 30,75$ m$\Omega$ berechnet.

Für die Versuche mit flüssigem Eisen stand maximal die bei einem Abstich aus dem Hochofen ausfließende Menge von ca. 2oo t/h zur Verfügung. Mit größeren Fördermengen konnte die Rinne daher nicht betrieben werden, obwohl sich bei den Versuchen herausstellte, daß bei einem Anstiegswinkel unter 9° eine Fördermenge über 2oo t/h erreicht werden könnte.

In Tabelle 2 sind die Meßergebnisse von 8 Versuchen wiedergegeben. Die Versuche wurden bei 4 verschiedenen Steigungen der Rinne durchgeführt.

In Bild 8 sind die berechneten Fördermengen für verschiedene Anstiegswinkel als Funktion der Induktorspannung aufgetragen. Entlang der einzelnen Kurven ist jeweils die zugehörige Schichtdicke a angegeben. Es zeigt sich, daß die Meßergebnisse unter den rechnerisch ermittelten Werten liegen. Das ist z.T. damit zu erklären, daß die zufließende Roheisenmenge am Einlauf geregelt wurde und sich nicht immer die für die jeweilige Induktorspannung maximal mögliche Fördermenge einstellen konnte. Die Tendenz, daß die Versuchsergebnisse mit zunehmender Steigung der Rinne immer mehr von den berechneten Ergebnissen abweichen, deutet darauf hin, daß die Strömung im Kanal der Rinne mehr und mehr von der in offenen Gerinnen abweicht, und die Ersetzung der Kraftdichteverteilung durch einen Mittelwert eine zu grobe Näherung darstellt.

Bei einem Vergleich der berechneten Werte mit den Meßergebnissen ist außerdem zu berücksichtigen, daß einige Einflußgrößen, die bei der Berechnung als konstant angenommen werden, im Betrieb Änderungen unterliegen. Die Dicke der Zustellung nimmt mit wachsender Betriebsdauer ab, die Rinnenbreite zu. Eine Verminderung von d = 6 cm auf d = 5,5 cm ergibt bereits eine Erhöhung des erzielbaren Druckes $P_N$ um ca. 24 %. Der spezifische elektrische Widerstand des flüssigen Eisens wurde als konstant angenommen. Er ist jedoch eine Funktion der Temperatur und der Legierungselemente. Eine Möglichkeit, den wahren spezifischen Widerstand bei der Betriebstemperatur zu messen, bestand nicht.

Die aus den Meßergebnissen ermittelten Werte für den mechanischen Wirkungsgrad $\eta_m$ liegen niedriger als die berechneten Werte. Für Anstiegswinkel $\alpha = 9°$ können Wirkungsgrade zwischen o,1 % und o,3 % erreicht werden.

### 3.1.4. Versuchsergebnisse

Die Versuche ergeben, daß Wanderfeld-Förderrinnen trotz geringer Ausmauerungsstärken betriebssicher arbeiten. Trotz langer Versuchszeiten sind an der Versuchsanlage keine Durchbrüche aufgetreten.

Die berechneten Werte stehen in befriedigender Übereinstimmung mit den Meßwerten.

Im Gegensatz zu den Versuchen von G.G. Branover und anderen, bei denen die Strömung im Kanal bei einer elektromagnetischen Förderanlage als laminar angesehen wurde, konnte bei den vorliegenden Versuchen eine starke Turbulenz in der flüssigen Metallschicht festgestellt werden. Die Strömung zeigte eine deutliche Abnahme der Geschwindigkeit zum Rand hin. Unter bestimmten Bedingungen - steiler Anstieg, **geringe Förderkraft** - konnten an den beiden Rändern Bereiche beobachtet werden, in denen das Metall entgegen der Förderrichtung bergab fließt. Die berechnete Geschwindigkeitsverteilung konnte qualitativ bestätigt werden. Eine punktweise Bestätigung der berechneten Geschwindigkeitsverteilung scheiterte daran, daß die notwendigen Meßeinrichtungen fehlten.

Aufgrund der günstigen Ergebnisse bei den durchgeführten Versuchen ist zu erwarten, daß die Wanderfeld-Förderrinne breiten Eingang in die industriellen Anwendungen finden wird.

## 3.2. Lineare flache Pumpen und zylindrische Pumpen mit rundem Kanal

### 3.2.1. Versuchsaufbau

Neben der linearen flachen Wanderfeld-Förderrinne wurden auch Wanderfeld-Pumpen erprobt. Man spricht von einer Pumpe, wenn der gesamte Umfang des Kanals vom Metall benetzt wird. Bild 9 zeigt eine Pumpe mit zwei einander gegenüberstehenden Induktoren. Um eine lineare flache Wanderfeld-Pumpe mit einer linearen flachen zylindrischen Induktionspumpe, siehe Bild 10, vergleichen zu können, wurde ein spezieller Induktor gebaut. Seine Wicklung besteht aus 6 Teilspulen, die sich wahlweise so verschalten lassen, daß sich die Anordnung als flache oder zylindrische Induktionspumpe betreiben läßt.

Bild 14 zeigt einen Querschnitt der Pumpe. Man erkennt den rohrförmigen feuerfesten Kanal und die konzentrisch dazu angeordnete Wicklung. Die Wicklung wurde als Einschicht-Wellenwicklung ausgeführt, obgleich bekannt ist, daß die resultierende Feldverteilung bei dieser Wicklungsart wegen der fehlenden Abstufung an den Enden ungünstiger ist als bei Zweischichtwicklungen. Wegen der beiden Wickelköpfe konnten die sternförmigen Joche nur auf einem Teil des Umfanges angebracht werden. Die einzelnen Blechpakete haben eine Breite von 25 mm und sind zwischen zwei Andruckblechen aus Kupfer mit austenitischen Stahlbolzen verspannt. Der Induktor wird über austenitische ringförmige Segmente zusammengehalten.

Bild 11 zeigt eine Ansicht der betriebsfertigen Pumpe. Man erkennt die Flansche an den Enden zum Anbau der Pumpe und die Schläuche und Sammelrohre für die Kühlwasserzuführung.

Die Pumpe hat die folgenden Daten:

| | | |
|---|---|---|
| Länge | $L$ = | 1650 mm |
| Innendurchmesser der Wicklung | $D$ = | 114 mm |
| Innendurchmesser des Kanals | $d$ = | 70 mm |
| Polteilung | $\tau$ = | 90 mm |
| Nutteilung | $\tau_N$ = | 30 mm |
| Nuten pro Pol und Phase | $q$ = | 1 |
| Gesamtzahl der Nuten | $N$ = | 54 |

Die Polteilung der Wicklung ist für die zylindrische Anordnung optimal gewählt. Für die linear flache Schaltung wäre es günstiger, wenn die Polteilung etwa um den Faktor 3 größer wäre.

Hohe Ströme fließen in der Einschichtwicklung schon bei niedrigen Spannungen. Bei den Versuchen wurde ein Transformator von 300 kVA Leistung benutzt, der es erlaubte, eine Spannung zwischen 27,5 V und 57 V in 12 Stufen unter Last einzustellen. Sein maximaler Ausgangsstrom lag bei 3100 A; dieser Wert konnte jedoch kurzzeitig überschritten werden. Da der Leistungsfaktor cos $\varphi$ nicht unter 1/2 ging, wurde auf eine Kompensation verzichtet. Von den Kupferschienen des Transformators wird der elektrische Strom der Pumpe über wassergekühlte flexible Schlauchkabel zugeführt.

### 3.2.2. Versuchsdurchführung und Versuchsergebnisse

Bei verschiedenen Spannungsstufen wurden jeweils für die lineare flache und die zylindrische Schaltung Spannung, Stromstärke und Wirkleistung in allen drei Phasen im Leerlauf gemessen. Die Meßergebnisse sind in Tabelle 3 wiedergegeben. Sie enthält auch die errechneten Mittelwerte der Phasenspannungen und Phasenströme sowie die gesamte Wirkleistung der Pumpe. In <u>Tabelle 4</u> sind die zu den Mittelwerten gehörigen Werte der Scheinleistung $S_1$ und des Leistungsfaktors $\cos\varphi$ aufgeführt.

Die Phasenspannungen $U_{ph}$ und die Wirkleistung $P_1$ der beiden Schaltungen als Funktion des Phasenstroms $I_1$ sind in den Bildern 12 und 13 dargestellt.

Die Scheinleistungen sind - bezogen auf gleiche Stromstärken - bei beiden Betriebsarten unterschiedlich, die Wirkleistungen ungefähr gleich. Bei der Schaltung als lineare flache Pumpe beträgt der Leistungsfaktor $\cos\varphi = 0,56$, als zylindrische Pumpe $\cos\varphi = 0,78$.

In Bild 14 sind die Ergebnisse der Messung der Verteilung des magnetischen Feldes innerhalb der als linear flach verschalteten Pumpe graphisch dargestellt. Die einzelnen Meßwerte wurden mit einer Sonde ermittelt. Es ist die Verteilung der z-Komponente der Induktion $B_z$ in der xy-Ebene als Funktion des Abstandes y (Bild 14a) und in der yz-Ebene als Funktion des Abstandes z (Bild 14b) von der Kanalachse dargestellt.

Bei einer üblichen linearen flachen Pumpe ist $B_z(y)$ über die Induktorbreite näherungsweise konstant. Hier dagegen ist durch die zylindrische Anordnung der Blechpakete die Luftspaltlänge für die Feldlinien in der Pumpenmitte am größten, so daß der magnetische Fluß überwiegend über die äußeren Blechpakete von der einen Induktorhälfte zur anderen gelangt. Die Induktion $B_z$ hat daher in der Kanalmitte ein Minimum. Der Verlauf $B_z(z)$ zeigt den für eine lineare flache Induktionspumpe typischen Abfall zur Mittelebene zwischen den beiden Induktoren hin. Nur tritt diese Erscheinung hier besonders stark auf, da das Verhältnis der mittleren Luftspaltlänge zur Polteilung ungewöhnlich groß ist.

Bei einer rotationssymmetrischen, zylindrischen Induktionspumpe ist die für die Förderung wirksame Komponente der Induktion die Radialkomponente $B_r$. Sie ist auf der Kanalachse gleich Null. Da die vorliegende zylindrische Pumpe nicht rotationssymmetrisch ist, siehe Bild 14, ist bei ihr die magnetische Induktion nicht nur vom Radius, sondern auch vom Azimut abhängig. Nach Bild 15 nimmt die Radialkomponente der magnetischen Induktion auf dem Radius $r = 35$ mm ihren maximalen Wert für $\varphi = 90°$ und $\varphi = 270°$, d. h. auf der y-Achse an, während auf der x-Achse die kleinsten Werte vorliegen. Dies ist verglichen mit einer zylindrischen Induktionspumpe üblicher Bauart von Nachteil. In fluiden Medien kann hier die elektromagnetische Kraftdichte so gering sein, daß eine Rückströmung einsetzt.

Der Kompromiß, der bei der Konstruktion der Pumpe eingegangen wurde, wirkte sich auch bei dem Betrieb als flache lineare Pumpe negativ aus. Erstens ist das Verhältnis Polteilung zu Abstand der Induktoren zu klein. Zweitens geht ein größerer Teil des magnetischen Flusses ungenutzt außen an dem Fördergut vorbei, da dort der Luftspalt am größten ist.

Um die resultierende Kraft auf eine feste Probe zu bestimmen, wurde eine massive zylindrische Aluminiumstange von 70 mm Durchmesser und 1800 mm Länge in der senkrecht aufgerichteten Pumpe zentrisch zur Pumpenachse an einer Waage aufgehängt und die Zugkraft als Funktion des Induktorstromes gemessen. Der spezifische elektrische Widerstand des eingesetzten Aluminiums betrug bei Raumtemperatur $\rho \approx 2{,}6 \cdot 10^{-6} \Omega$ cm.

Die Ergebnisse dieser Messung sind für beide Schaltungsarten in Tabelle 5 aufgeführt. Die Zugkraft nimmt mit dem Induktorstrom quadratisch zu. Die bei Schaltung als zylindrische Pumpe gemessenen Werte der Zugkraft liegen wesentlich niedriger.

Bei 3400 A, der zulässigen Grenze für die Dauerbelastung
des verwendeten Transformators, errechnet sich der mittlere Druck der linearen flachen Pumpe zu 0,86 kp/cm$^2$ und
der zylindrischen Pumpe zu 0,07 kp/cm$^2$.

Ausgehend von diesen Ergebnissen läßt sich abschätzen,
welcher Förderdruck sich beim Betrieb der Pumpe mit flüssigem Metall ergeben wird. Die Kraft ist proportional zu
der elektrischen Leitfähigkeit. Der spezifische elektrische
Widerstand von flüssigem Aluminium von 1100 K beträgt
$\rho \approx 0,28 \cdot 10^{-4} \Omega$ cm und der von flüssigem Roheisen von
1700 K mißt $\rho \approx 1,55 \cdot 10^{-4} \Omega$ cm. Man kann also beim Einsatz von flüssigem Aluminium nur etwa ein Zehntel des
Pumpdruckes erwarten, der sich bei festem Aluminium und
Raumtemperatur unter sonst gleichen Bedingungen ergibt,
bei flüssigem Roheisen nur noch etwa ein Sechszigstel.

Deshalb wurden nur Versuche mit flüssigem Aluminium und
nur bei der günstigeren Schaltungsart durchgeführt.

Bild 16 zeigt die Versuchsanordnung zur Messung des Pumpdruckes mit flüssigem Aluminium. Die Pumpe ist an der unteren Seite mit einem Einlaufgefäß verbunden. Das flüssige
Aluminium wird mit einer Pfanne eingegossen und durch den
ansteigenden Pumpenkanal gefördert. Am Auslauf fließt das
Metall in eine zweite Gießpfanne. Der Einlaufkasten und
die Gießschnauze wurden mit Stampfmasse - Fiberfrax-Variform B - zugestellt. Als Schablone für das Stampfen des Kanals wurde ein dünnwandiges Aluminiumrohr eingesetzt. Zum
Schutz der Leiter und um zu verhindern, daß die Stampfmasse
herausgepreßt werden konnte, wurde die Wicklung von innen
zuvor mit einer Lage Fiberfrax - einem Isolierfilz - verklebt.

Vor jedem Versuch wurden der Förderkanal und das Einlaufgefäß 12 Stunden aufgeheizt. Wegen der Länge des Kanals konnte jedoch in der Mitte der Pumpe nur eine Temperatur von max. 600 K erreicht werden.

Die Fiberfrax-Stampfmasse hat den Nachteil, daß sie beim ersten Aufheizen schwindet und dabei eine bleibende Formänderung erfährt. Deswegen bilden sich im Kanal Risse, die nicht vollständig mit feuerfestem Zement abgedichtet werden können, da der Förderkanal für Ausbesserungsarbeiten nicht zugänglich ist. Bei den Versuchen kam es zu Durchbrüchen des flüssigen Metalls.

Zur Messung des Pumpdruckes wurde die Förderhöhe über die Steigung der Pumpe verändert. Zu Beginn eines Versuchs wurde zunächst eine geringe Steigung eingestellt. Nach dem Eingießen des flüssigen Aluminiums setzte die Förderung ein. Nach einer Zeit von ca. 1 Min., in der sich der Förderkanal genügend erwärmt hatte, wurde unter ständigem Nachgießen des flüssigen Metalls die Steigung soweit erhöht, bis gerade kein Metall mehr am oberen Auslauf der Pumpe ausfloß. Für diese Einstellung wurden die Differenz der Badspiegel im Einlaufgefäß und im Auslauf der Pumpe gemessen und die Werte der Phasenströme, der Phasenspannungen und der Wirkleistung bestimmt. Aus diesen Werten wurde der Pumpdruck berechnet und als Funktion der Wirkleistung $P_1$ aufgetragen - Bild 17. Es ergibt sich eine lineare Abhängigkeit des mittleren Pumpdruckes von der Wirkleistung.

Es ist jedoch bemerkenswert, daß der gemessene Pumpdruck erheblich höher liegt, als er nach den Messungen mit der Aluminiumstange zu erwarten war. Dies deutet darauf hin, daß die Rückwirkung der induzierten Ströme hier zu einer erheblichen Verminderung der induzierten Stromdichte im Vergleich zur Berechnung unter Vernachlässigung der Rückwirkung geführt hat. Ein Vergleich der zylindrischen mit der linear flachen Anordnung ergibt, daß die linear flache Induktionspumpe der linearen zylindrischen überlegen ist.

## 3.3. Einsatzmöglichkeiten

Seit dem Beginn der Entwicklung von elektromagnetischen Pumpen für die Förderung von flüssigen Metallen sind - vor allem in Rußland - zahlreiche Einsatzmöglichkeiten im Gießerei- und Hüttenwesen untersucht und teilweise bereits verwirklicht worden [8,9]. Im Anschluß an dieses Forschungsvorhaben sind auch in Deutschland elektromagnetische Dosieranlagen für Aluminium auf den Markt [7] gekommen, die wegen der geringeren Ausmauerungsstärke von etwa 2,5 cm, der höheren Leitfähigkeit und der geringeren Wichte nur wesentlich geringere elektrische Leistungen erfordern als entsprechende Anlagen für Eisen.

Die Anwendungsmöglichkeiten der elektromagnetischen Pumpen sind so vielfältig, daß wir uns hier auf die Verfahren beschränken wollen, die für das Gebiet des Eisenhüttenwesens von Interesse sind.

1) Der Transport des flüssigen Roheisens in Hüttenwerken erfordert kostspielige Anlagen, hohe Energiekosten und eine große Zahl von Arbeitskräften. Dennoch sind gerade in diesem Arbeitsbereich bei einer Entwicklung kontinuierlicher Verfahren in den letzten Jahren nur geringe Fortschritte erzielt worden. Der Transport erfolgt diskontinuierlich in Pfannen, die mit Zügen oder Kränen bewegt werden. Zwischen den einzelnen Verfahrensabschnitten muß das Roheisen mehrmals umgefüllt werden.

   Bei einem Übergang zu kontinuierlichen Verfahren bei der Stahlerzeugung und beim Gießen ist die Einführung eines automatisierten, kontinuierlichen Transportsystems unerläßlich. Russische Wissenschaftler sind in einer ausführlichen Studie zu dem Ergebnis gekommen, daß sich dieses

Problem durch den Einsatz elektromagnetischer Transporteinrichtungen lösen läßt. Nach ihren Plänen soll der Austausch des flüssigen Metalls innerhalb eines Hüttenwerkes in einem Leitungssystem aus feuerfesten, beheizten Rinnen erfolgen, wobei Höhenunterschiede an bestimmten Stellen durch Pumpvorgänge ausgeglichen werden. Es wurde errechnet, daß dabei die Investitionskosten und die Transportkosten wesentlich niedriger liegen, als bei dem herkömmlichen Verfahren.

2) Das Stranggießverfahren gehört heute zu den wenigen Arbeitsvorgängen bei der Stahlherstellung, die nahezu kontinuierlich ablaufen. Die Zuführung des flüssigen Stahls zur Stranggießanlage erfolgt über einen Tundish, dem mit Kipppfannen oder mit Stopfenpfannen das flüssige Metall zugeführt wird. Da die Regelung des Füllstandes in der Kokille von Hand vorgenommen wird und mit dem Stopfenverschluß nur ungenau eingestellt werden kann, ist hier der Einsatz eines kontinuierlichen Transportsystems zur Zuführung des flüssigen Stahls aussichtsreich. Bei Verwendung einer Füllstandsmessung in der Kokille kann der Regelvorgang vollständig automatisiert werden.

3) Bei verschiedenen metallurgischen Verfahren muß flüssiges Metall in bestimmten Mengen periodisch zugeführt werden. Dies erfolgt heute meist durch Abgießen aus Kipppfannen, wobei die Menge über den Kippwinkel gesteuert wird oder aus Gießpfannen mit Stopfenstangenverschluß.

Die technischen Mängel dieser Verfahren sind bekannt. Daher sind zahlreiche Möglichkeiten untersucht worden, den Dosiervorgang zu verbessern und zu automatisieren. Die Verwendung von elektromagnetischen Dosiereinrichtungen erscheint hier besonders vorteilhaft. Zur Steuerung der

Metallmenge müssen lediglich elektrische Größen eingestellt werden. Die Regelung des Ausflusses der Schmelze ist nicht nur bei Pfannen und Mischern von Interesse, sondern vor allem bei metallurgischen Öfen, die nicht durch Kippen oder durch mechanische Verschlüsse, sondern ausschließlich durch einen umständlichen periodischen Abstich entleert werden können. Ein typisches Beispiel hierfür ist der Hochofen. Die Entwicklung geht dahin, den Hochofen nicht mehr periodisch, sondern kontinuierlich abzustechen.

Nach Plänen russischer Wissenschaftler soll die Abstichregelung am Hochofen mit einer elektromagnetischen Einrichtung verwirklicht werden. Nach den bisherigen Erfahrungen kann dazu eine lineare flache Induktionspumpe verwendet werden, die in einer Anordnung nach Bild 9 an das Abstichloch angesetzt wird. Auch in diesem Fall überwiegen die betrieblichen und technologischen Schwierigkeiten im Vergleich zu den Problemen bei der Konstruktion der Pumpe.

## 4. Zusammenfassung

Kontinuierlich arbeitende Förder- und Dosiereinrichtungen, die für den stationären Betrieb eines Hüttenwerkes notwendig sind, fehlten noch weitgehend. Um diese Lücke zu schließen, werden in der vorliegenden Arbeit neue elektromagnetische Einrichtungen untersucht, die zum kontinuierlichen Transport und zum Dosieren von flüssigem Eisen dienen sollen.

Die theoretischen Grundlagen der Induktionspumpen werden soweit behandelt, wie es zur Berechnung der induzierten Kraftdichte in der flüssigen Metallschicht erforderlich ist. Davon ausgehend werden die Strömungsverhältnisse im Förderkanal untersucht und nach bekannten Gesetzen der Hydrodynamik näherungsweise berechnet. Die Berechnungen ergeben, daß für große Fördermengen und geringe Ausmauerungsstärken mechanische Wirkungsgrade von ca. 2 - 3 % erreicht werden können. Die Eigenschaften der Wanderfeld-Förderrinnen werden eingehend untersucht. In Betriebsversuchen mit einer Wanderfeld-Förderrinne von 6,21 m Länge in einem Hüttenwerk konnten die berechneten Werte für die Fördermenge, den mechanischen Wirkungsgrad und den maximalen Anstieg bestätigt werden.

Die im Rahmen dieser Arbeit durchgeführten Versuche haben gezeigt, daß elektromagnetische Pumpen mit befriedigender Betriebssicherheit und mit wirtschaftlichen Vorteilen in Hüttenwerken verwendet werden können.

## 5. Häufig verwendete Formelzeichen

| | | |
|---|---|---|
| $a$ | = | Schichtdicke |
| $A_m$ | = | Strombelag |
| $\vec{B}$ | = | Magnetische Induktion |
| $c$ | = | Halbe Breite des Kanals |
| $d$ | = | Zustellungsstärke des Kanals |
| $\vec{f}$ | = | Kraftdichte |
| $f_1$ | = | Frequenz |
| $f_x$ | = | Kraftdichte |
| $\overline{f_x}$ | = | Gemittelte x-Komponente der Kraftdichte |
| $\overline{\overline{f_x}}$ | = | über eine Periode und über den Querschnitt gemittelte Kraftdichte in Förderrichtung |
| $\vec{g}$ | = | Schwerkraft |
| $J$ | = | Gefälle |
| $K_a$ | = | Querreduktionsfaktor |
| $\overline{K_B^2}$ | = | über die Höhe gemitteltes Quadrat der bezogenen Induktion |
| $L'$ | = | wirksame Förderlänge |
| $M$ | = | Fördermenge |
| $P$ | = | Wirkleistung |
| $P_m$ | = | Mechanische Leistung |
| $p_N$ | = | Nutzdruck |
| $P_v$ | = | Ohmsche Verluste im Fördergut |
| $r_h$ | = | Hydraulischer Radius |
| $\vec{S}$ | = | Stromdichte |
| $\vec{v}$ | = | Geschwindigkeit des Metalls in Förderrichtung |
| $\overline{v_M}$ | = | Mittlere Geschwindigkeit in Förderrichtung |
| $\alpha$ | = | Anstieg der Fördereinrichtung |
| $\alpha'$ | = | Widerstandsfaktor |
| $\gamma$ | = | Wichte |
| $\gamma$ | = | Widerstandsziffer |

## Literaturhinweise

1) Block, F.R.: Electro-Magnetic Runners and Pumps
   Vortrag auf dem IV. International Congress
   of Chemical Engineering, Chemical Equipment,
   Design and Automation (CHISA), Prag 1972

2) Block, F.R.: Linearmotoren für flüssige Leiter
   Vortrag auf der Tagung "Linearmotoren in
   der Industrie", Essen, 26. März 1973

3) Branover, G.G. und andere: Tests on a Headless
   Liquid-Metall Circuit
   Magnetohydrodynamics 1 (1965) No. 1, S.81/89

4) Husmann, Surwolf: Elektromagnetische Förder- und
   Verschlußeinrichtungen für Eisenhüttenprozesse
   Dissertation TH Aachen, 1969

5) Kuhn, J.: Stoffumsatz und Strömungsverhältnisse auf
   einer elektromagnetischen Gegenstromrinne bei
   der Sodaentschwefelung von Thomasroheisen
   Dissertation TH Aachen, 1969

6) Kostenecki, K.P.: Die Automatisierung von Hüttenwerken - eine vordringliche Aufgabe unserer Zeit
   (in Russisch)
   Metallurg (1960) Nr. 11, S. 3/5

7) Seulen, G.W., von Starck, A.: Das elektromagnetische
   Fördern und Dosieren von flüssigen Metallen - ein
   neuer Weg für die Automatisierung von Gießereien
   Gießerei 56 (1969) H. 1, S. 1/5

8) Verte, L.A.: Abstichregelung am Hochofen durch Ein-
   wirkung eines elektromagnetischen Feldes
   (in Russisch)
   Metallurg (1961) Nr. 12, S. 6/8

9) Verte, L.A.: Der elektromagnetische Transport flüssiger Metalle (in Russisch)
   Verlag Metallurgija, Moskau, 1961

10) Kaufmann, W.: Technische Hydro- und Aeromechanik
Springer Verlag, Berlin, 1962

11) Bromkamp, K.-H.: Elektromagnetische Wanderfelder
flacher Drehstrominduktoren und ihre elektromagnetischen Wirkungen
Dissertation TH Aachen, 1961

12) Verte, L.A.: Die elektromagnetische Technik beim Gießen und bei der Behandlung flüssiger Metalle (in Russisch)
Verlag Metallurgija, Moskau 1967, Deutsche Übersetzung: Gesellschaft zur Förderung der Eisenhüttentechnik, Düsseldorf

## Abbildungen

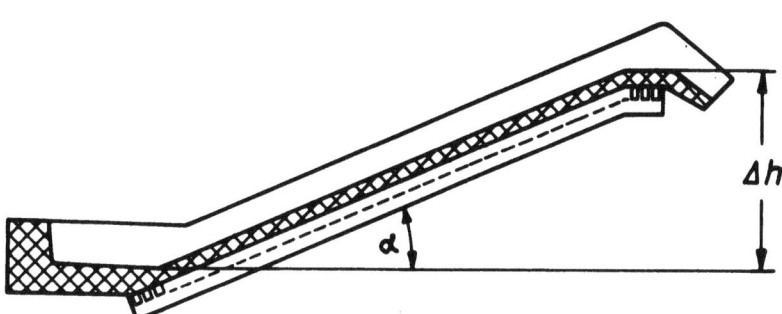

Bild 1: Anordnung zur Förderung von flüssigem Eisen mit einer Wanderfeld-Förderrinne

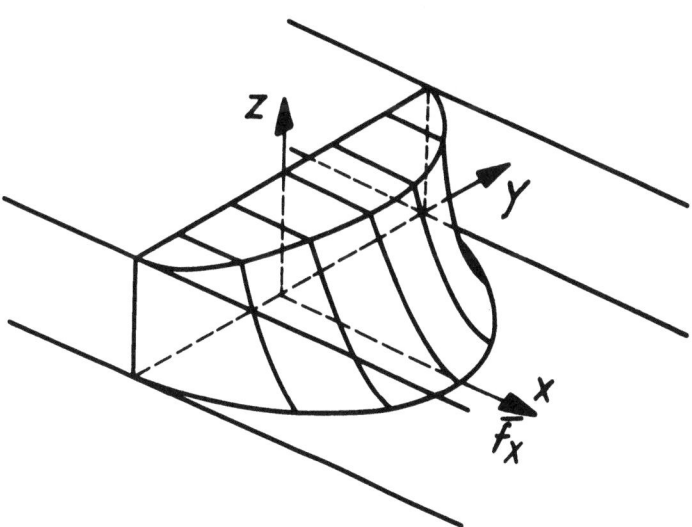

Bild 2: Profil der induzierten Kraftdichteverteilung $\overline{f}_x$ im Kanalquerschnitt einer Wanderfeld-Förderrinne

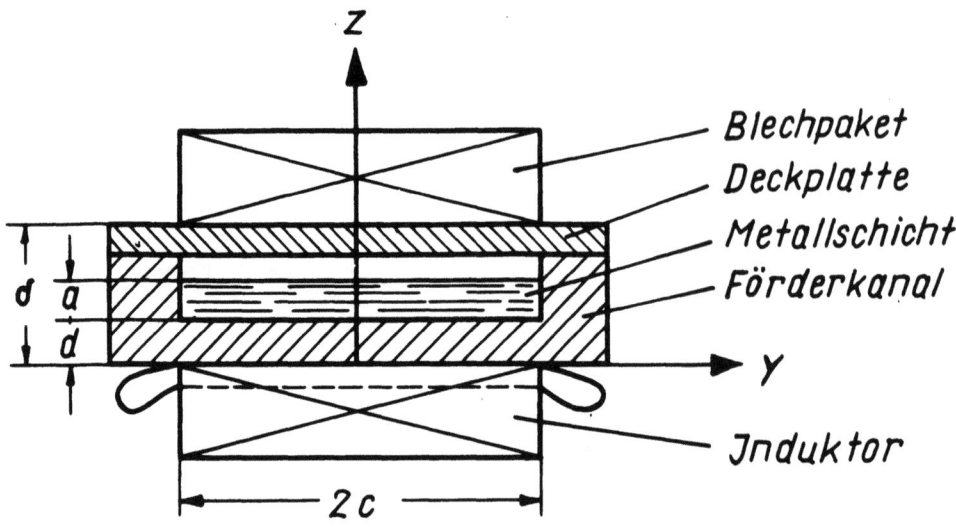

Bild 3: Wanderfeld-Förderrinne mit einem aufgesetzten Blechpaket

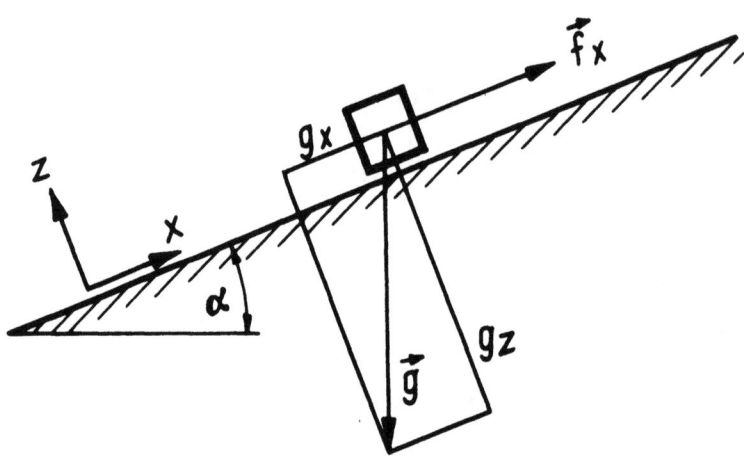

Bild 4: Kräfte auf ein flüssiges Metallteilchen im Kanal einer Wanderfeld-Förderrinne

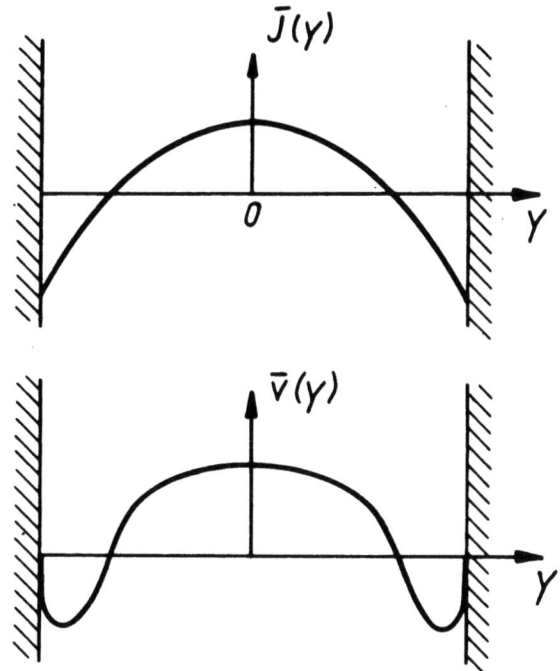

Bild 5: Verlauf des Gefälles $\overline{J}(y)$ und der mittleren Geschwindigkeit $\overline{v}_M(y)$ in der flüssigen Metallschicht einer linearen flachen Förderrinne über die Kanalbreite

Bild 6: Ansicht der Versuchsanlage zur Förderung von flüssigem Roheisen am Hochofen mit der Wanderfeld-Förderrinne (ohne Abdeckhaube)

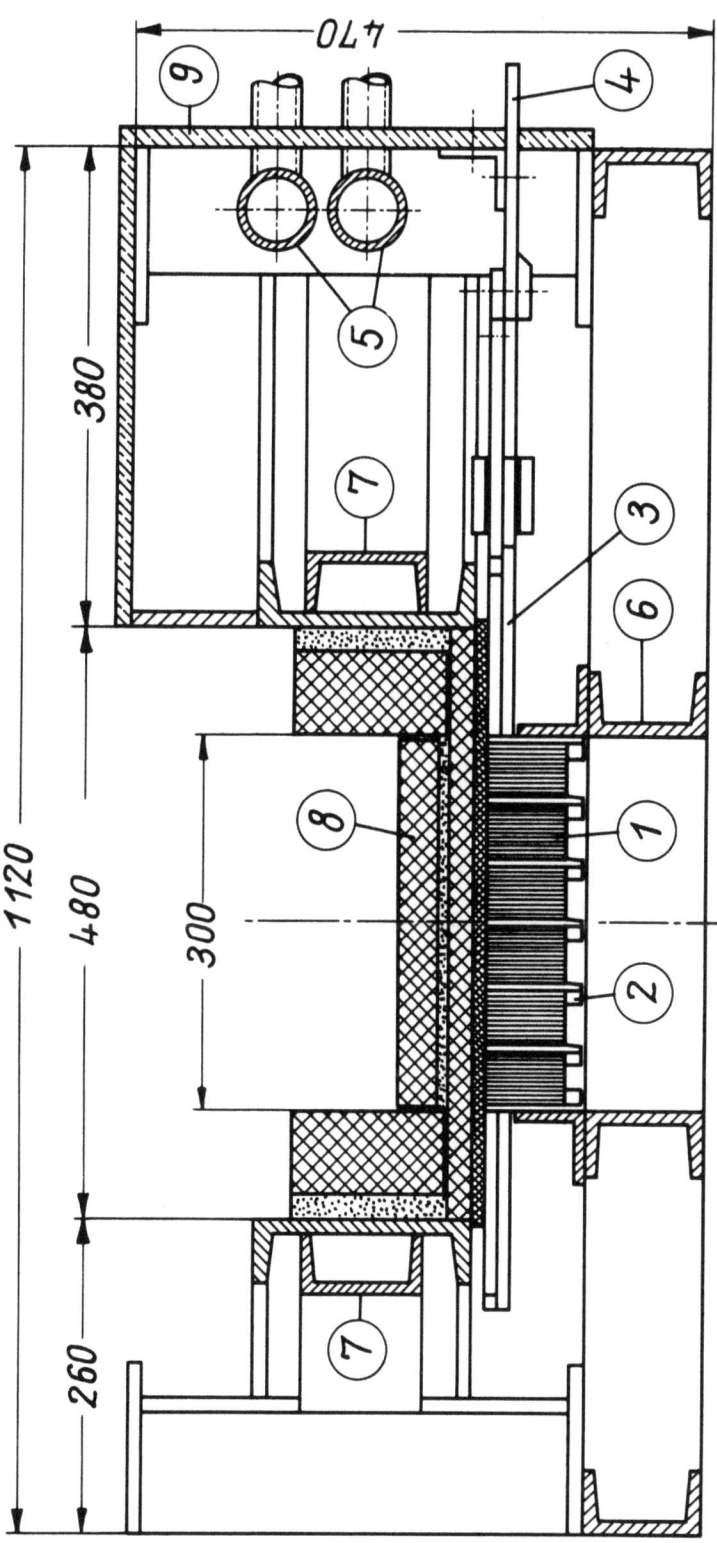

Bild 7: Aufbau der Wanderfeld-Förderrinne (im Querschnitt)

1 – Induktorblechpaket, 2 – Kühlelemente im Blechpaket, 3 – Induktorwicklung,
4 – Elektrische Anschlüsse, 5 – Sammelrohre für das Kühlwasser,
6 – Unterer Tragrahmen, 7 – Wassergekühlter Rahmen, 8 – Feuerfeste Ausmauerung,
9 – Schutzplatten

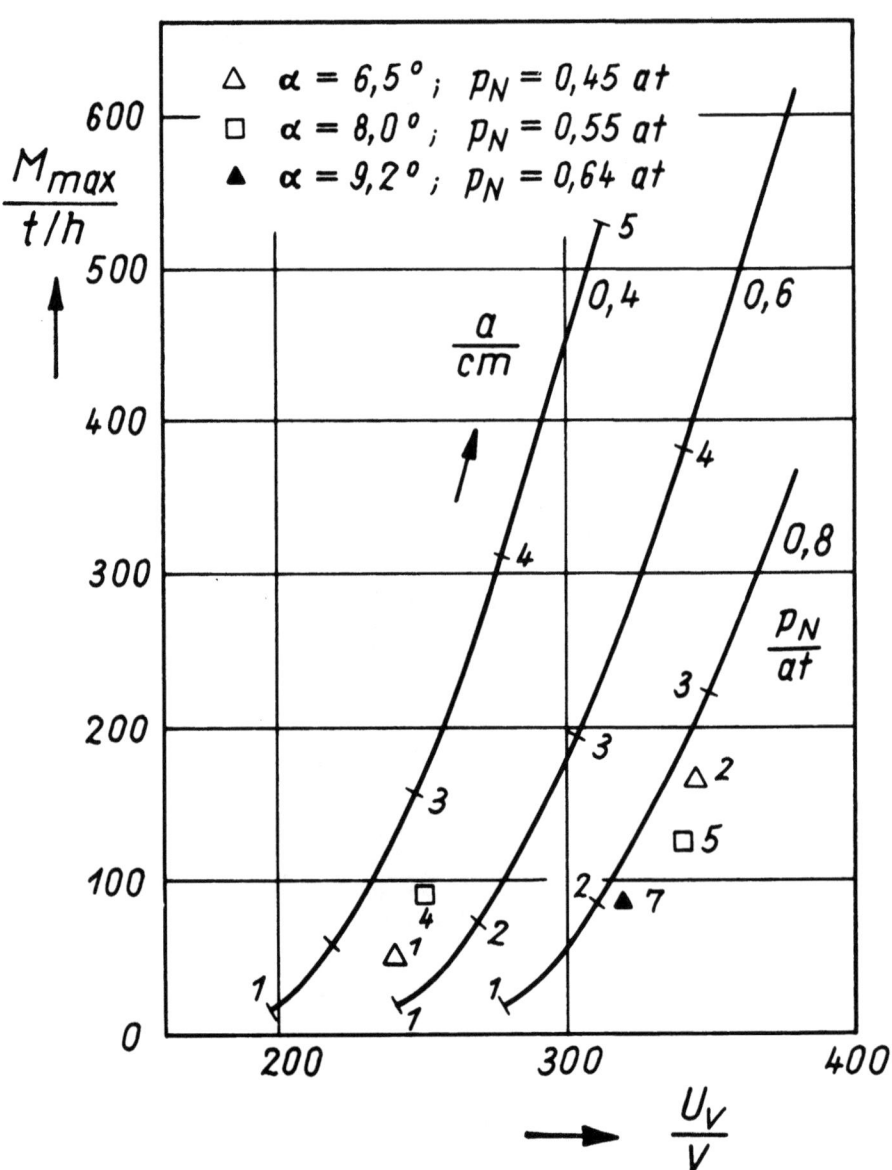

Bild 8: Maximale Fördermenge $M_{max}$ der Wanderfeld-Förderrinne als Funktion der Induktorspannung $U_V$ für verschiedene Anstiegswinkel (für d = 6 cm)

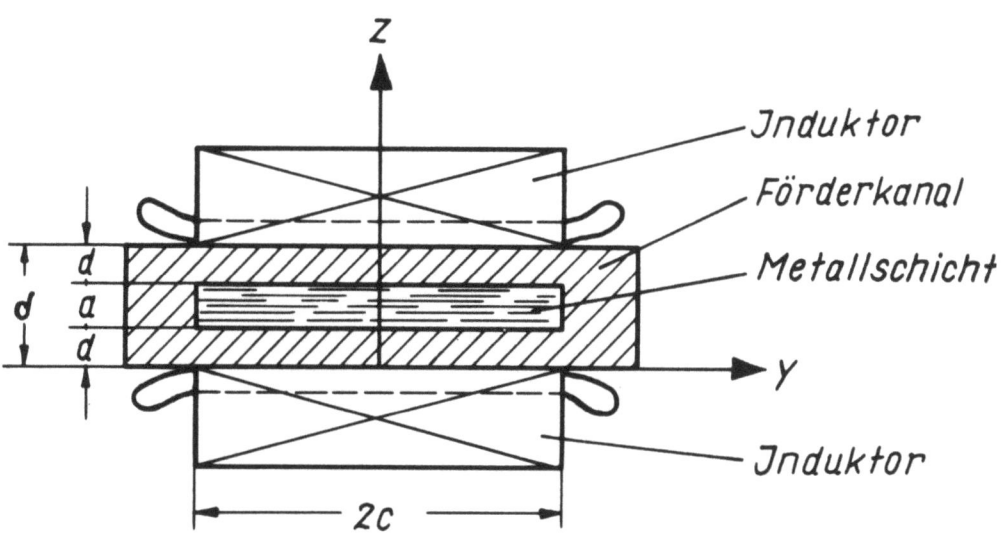

Bild 9: Schema einer linearen flachen Induktionspumpe mit unten und oben liegendem Induktor

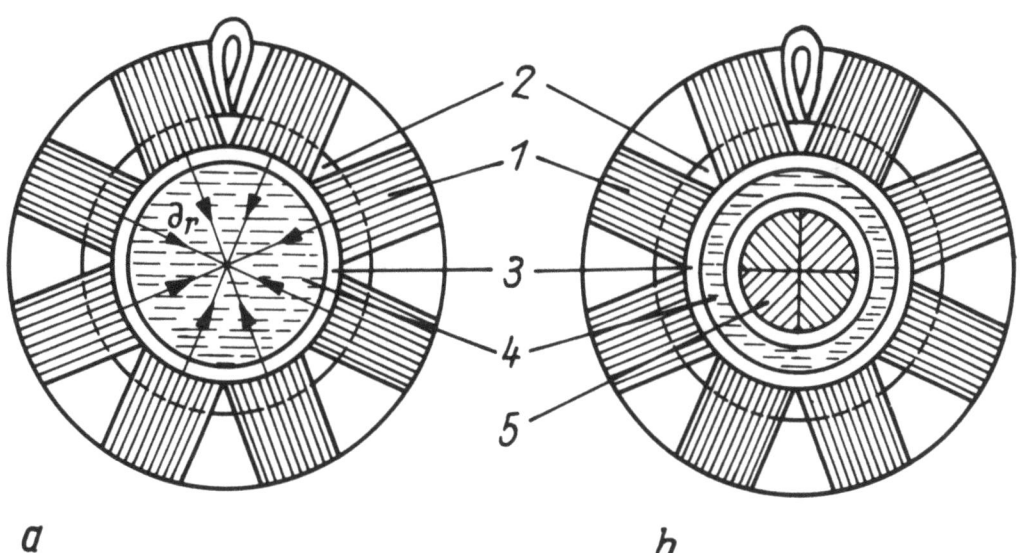

Bild 10: Schematischer Aufbau einer linearen zylindrischen Induktionspumpe:

a. ohne inneren Kern,
b. mit ferromagnetischem Kern

1 - Blechpakete, 2 - Wicklung,
3 - Zylindrischer Kanal, 4 - flüssiges Metall, 5 - Ferromagnetischer Kern

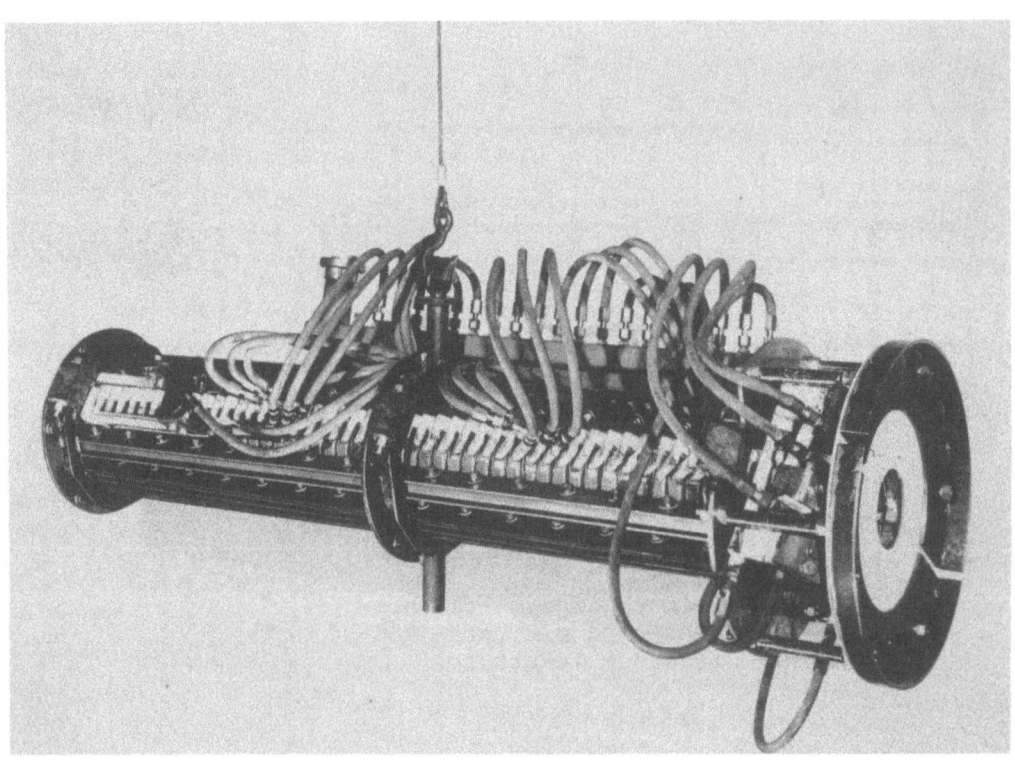

Bild 11: Ansicht der Versuchsanlage mit einer zylindrischen Induktionspumpe zur Förderung flüssiger Metalle

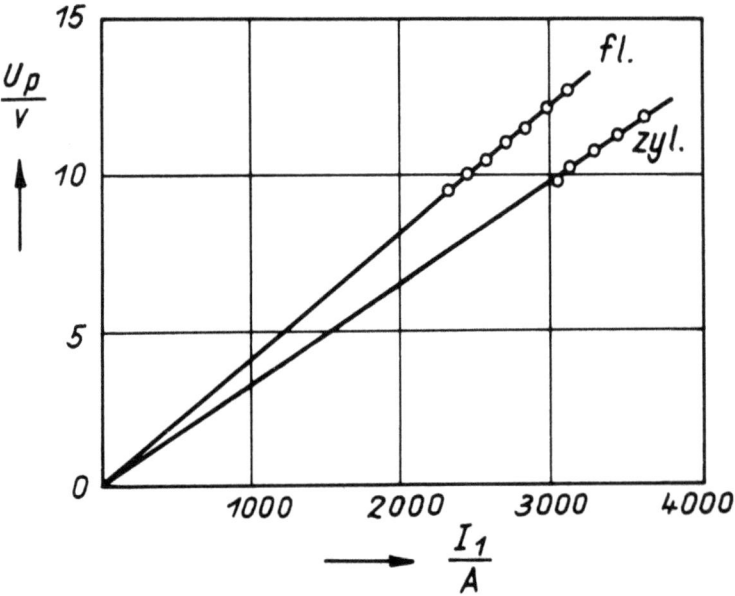

Bild 12: Phasenspannung $U_{ph}$ des Induktors im Leerlauf als Funktion des mittleren Phasenstroms $I_1$

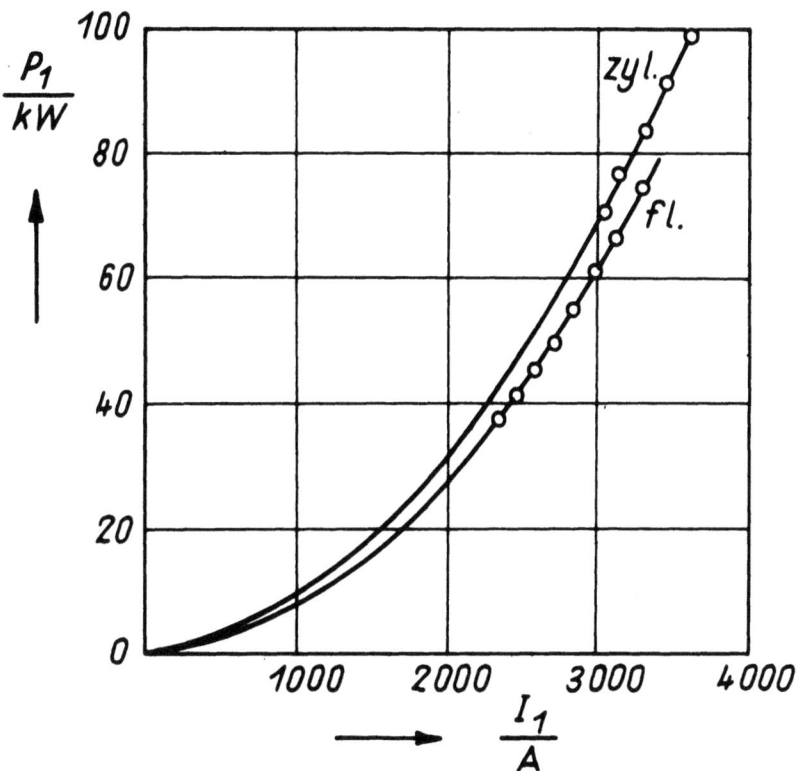

Bild 13: Gesamte Wirkleistung $P_1$ des Induktors im Leerlauf als Funktion des Induktorstroms $I_1$

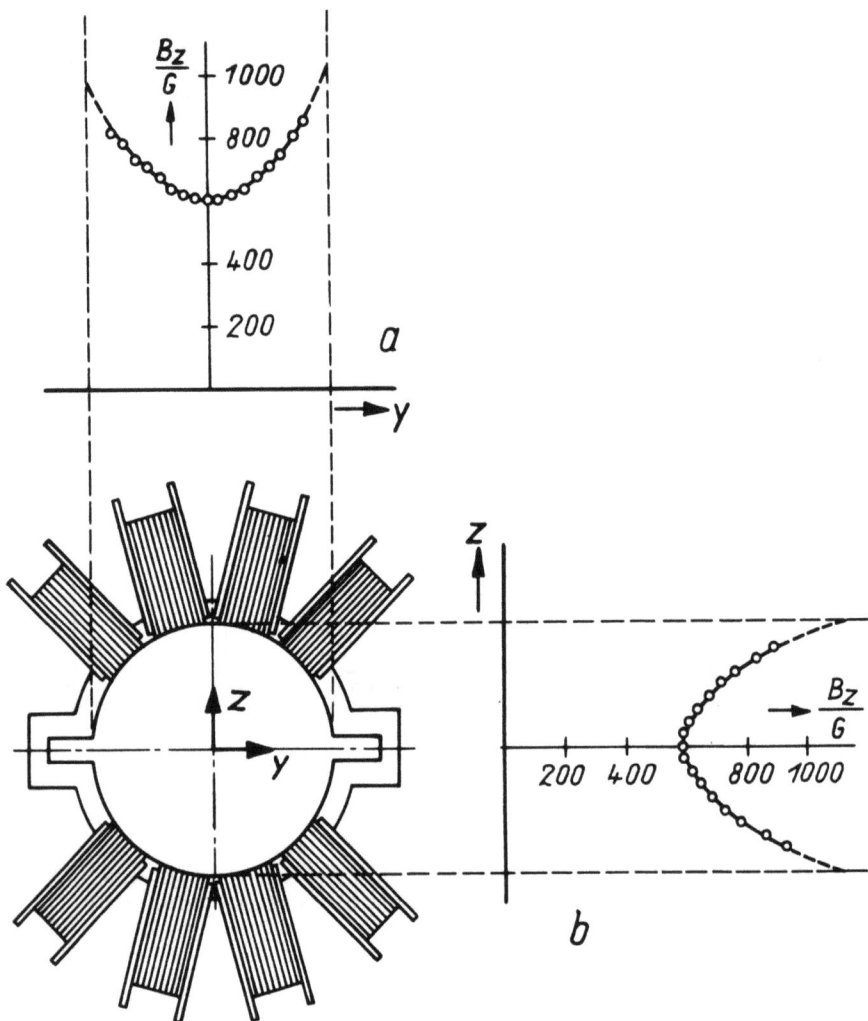

Bild 14: Verteilung der Amplitude der z-Komponente der Induktion $\vec{B}$ in der zylinderförmigen Pumpe im Leerlauf

a. $B_z = f(y)$, z=0, x=const., Schaltung: flach, $I_1 = 2336$ A

b. $B_z = f(z)$, y=0, x=const., Schaltung: flach, $I_1 = 2336$ A

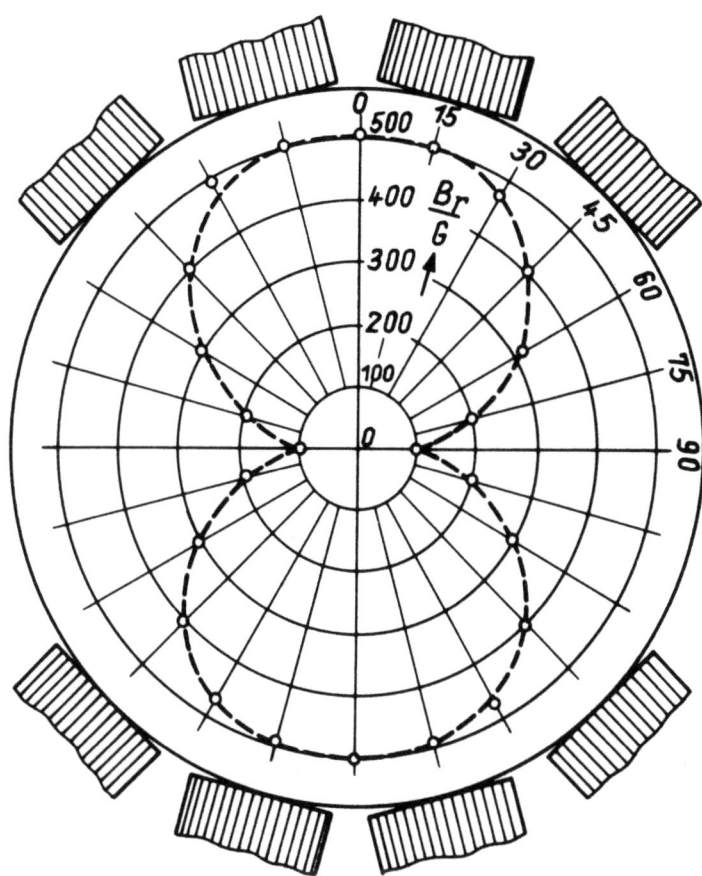

Bild 15: Die radiale Komponente der Induktion $B_r(r = 35\text{ mm},\varphi)$ in der Pumpe bei zylindrischer Schaltung ($I_1$ = 3o5o A)

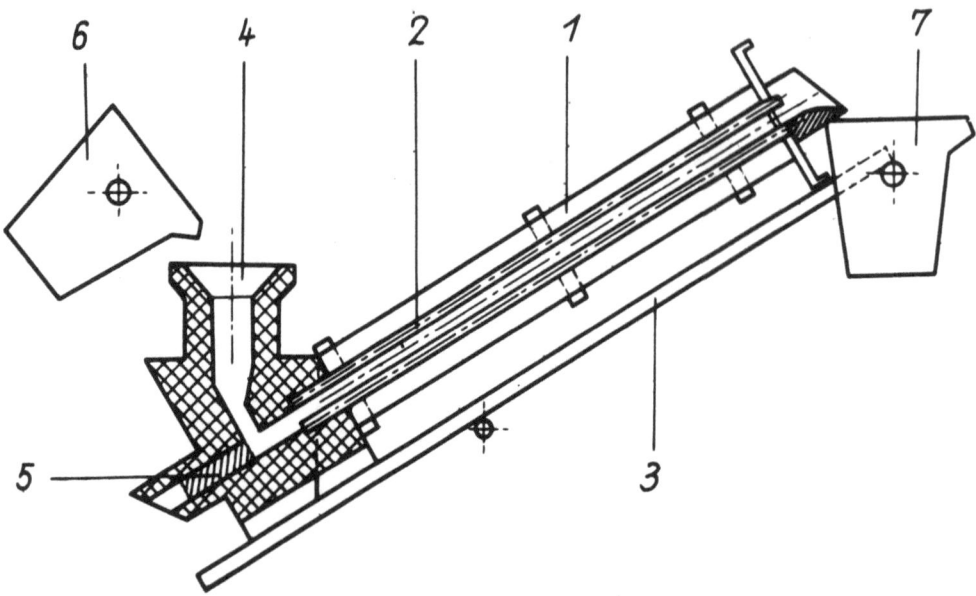

Bild 16: Versuchsanlage zur Förderung von flüssigem Aluminium mit der zylinderförmigen Induktionspumpe

1 - Pumpe, 2 - Förderkanal, 3 - verstellbarer Tragrahmen, 6 - Einlaufkasten, 5 - Abstich, 6,7 - Gießpfannen

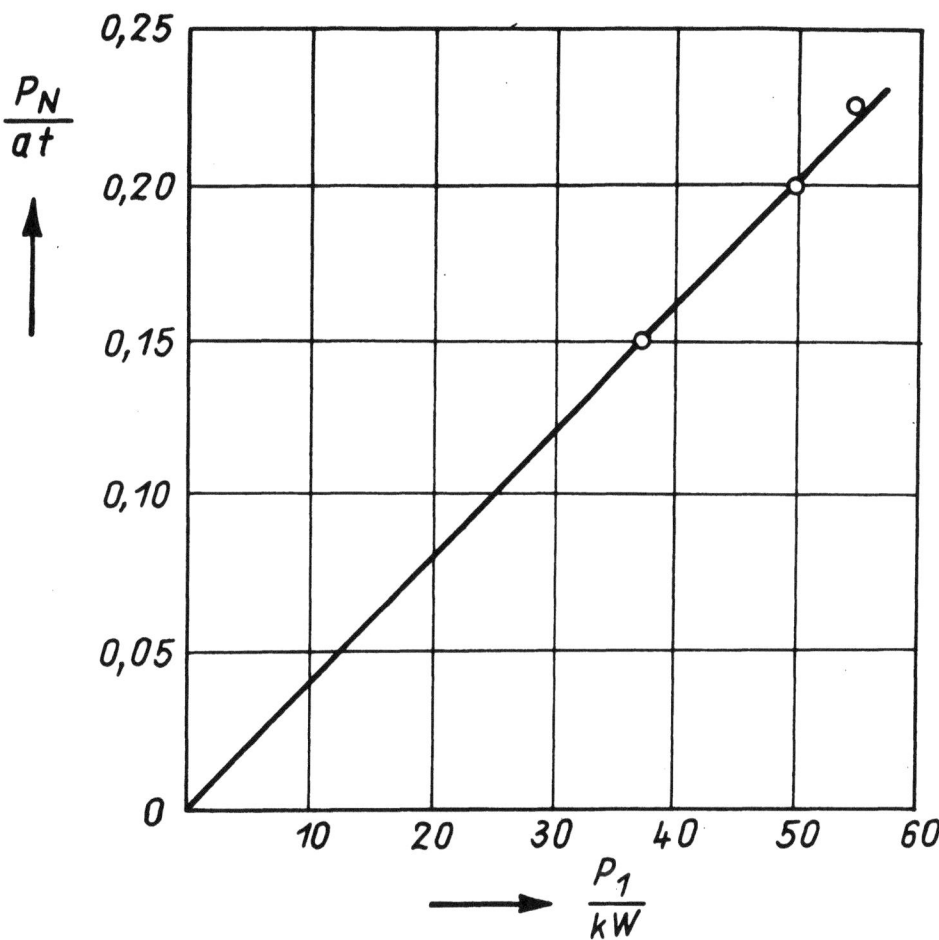

Bild 17: Nutzdruck $p_N$ als Funktion der Wirkleistung $P_1$ bei den Versuchen mit flüssigem Aluminium

|  | gemessen | | | | | gerechnet | | |
|---|---|---|---|---|---|---|---|---|
|  | $\frac{U_V}{V}$ | $\frac{I_1}{A}$ | $\frac{I_w}{A}$ | $\frac{P_1}{kW}$ | $\frac{M}{t/h}$ | $\frac{S_1}{kVA}$ | $\frac{Q_1}{kVAr}$ | cos |
| 1.a Leerlauf | 320 | 1310 | 282 | 157,2 | - | 725 | 708 | 0,217 |
| 1.b Fördern | 320 | 1320 | 317 | 170,0 | 126 | 732 | 712 | 0,233 |
| 2.a Leerlauf | 344 | 1393 | 296 | 180,0 | - | 831 | 812 | 0,216 |
| 2.b Fördern | 344 | 1410 | 336 | 200,0 | 167 | 841 | 817 | 0,238 |

Tabelle 1

Elektrische Daten der Wanderfeld-Förderrinne (für d = 6 cm)

| Nr. | $\frac{\alpha}{grd}$ | gemessen | | | | | gerechnet | | |
|---|---|---|---|---|---|---|---|---|---|
|  |  | $\frac{U_V}{V}$ | $\frac{I_w}{A}$ | $\frac{P_1}{kW}$ | $\frac{M}{t/h}$ | $\frac{a}{cm}$ | $\frac{P_N}{at}$ | $\frac{P_1}{kW}$ | $\frac{\eta_m}{2}$ |
| 1 | 6,5 | 240 | - | - | 51,0 | - | 0,45 | 90 | 0,099 |
| 2 | 6,5 | 345 | 336 | 200 | 167,0 | 4,0 | 0,45 | - | 0,147 |
| 3 | 8,0 | 250 | 230 | - | 30,5 | 1,2 | 0,55 | 99 | 0,066 |
| 4 | 8,0 | 250 | 240 | - | 89,5 | 1,5 | 0,55 | 108 | 0,178 |
| 5 | 8,0 | 340 | 320 | - | 126,0 | - | 0,55 | 189 | 0,132 |
| 6 | 9,2 | 295 | - | - | 12,0 | - | 0,64 | 135 | 0,022 |
| 7 | 9,2 | 320 | 317 | 170,4 | 87,7 | 2,0 | 0,64 | - | 0,129 |
| 8 | 10,1 | 370 | 360 | - | 12,0 | - | 0,70 | 230 | 0,014 |

Tabelle 2

Meßergebnisse aus Versuchen zur Förderung von flüssigem Rohreisen mit der Wanderfeld-Förderrinne bei verschiedenen Steigungen (für d = 6 cm)

a. Schaltung: linear zylindrisch

| Stufe | $\frac{I_u}{A}$ | $\frac{I_v}{A}$ | $\frac{I_w}{A}$ | $\frac{I_m}{A}$ | $\frac{U_u}{V}$ | $\frac{U_v}{V}$ | $\frac{U_w}{V}$ | $\frac{U_m}{V}$ | $\frac{P_u}{KW}$ | $\frac{P_v}{KW}$ | $\frac{P_w}{KW}$ | $\frac{P_l}{KW}$ |
|---|---|---|---|---|---|---|---|---|---|---|---|---|
| 1 | 2940 | 3050 | 3160 | 3050 | 9,6 | 9,6 | 10,25 | 9,81 | 22,8 | 22,7 | 24,7 | 70,2 |
| 2 | 3062 | 3160 | 3310 | 3144 | 10,0 | 10,1 | 10,65 | 10,25 | 24,6 | 24,8 | 27,0 | 76,4 |
| 3 | 3190 | 3310 | 3450 | 3317 | 10,4 | 10,6 | 11,1 | 10,7 | 27,0 | 27,1 | 29,2 | 83,3 |
| 4 | 3330 | 3460 | 3580 | 3457 | 11,0 | 11,1 | 11,6 | 11,23 | 29,8 | 29,8 | 31,5 | 91,1 |
| 5 | 3490 | 3630 | 3740 | 3620 | 11,6 | 11,6 | 12,1 | 11,77 | 32,5 | 32,8 | 34,4 | 99,7 |

b. Schaltung: linear flach

| Stufe | $\frac{I_u}{A}$ | $\frac{I_v}{A}$ | $\frac{I_w}{A}$ | $\frac{I_m}{A}$ | $\frac{U_u}{V}$ | $\frac{U_v}{V}$ | $\frac{U_w}{V}$ | $\frac{U_m}{V}$ | $\frac{P_u}{KW}$ | $\frac{P_v}{KW}$ | $\frac{P_w}{KW}$ | $\frac{P_l}{KW}$ |
|---|---|---|---|---|---|---|---|---|---|---|---|---|
| 3 | 2580 | 2520 | 2660 | 2586 | 9,75 | 10,9 | 10,7 | 10,45 | 12,6 | 15,3 | 17,1 | 45,0 |
| 4 | 2720 | 2650 | 2780 | 2716 | 10,25 | 11,4 | 11,25 | 10,97 | 13,9 | 16,8 | 18,9 | 49,6 |
| 5 | 2820 | 2740 | 2930 | 2836 | 10,7 | 11,9 | 11,8 | 11,50 | 15,3 | 18,4 | 20,8 | 54,5 |

Tabelle 3
Meßergebnisse der elektrischen Daten der zylinderförmigen Induktionspumpe im Leerlauf

a. Schaltung: linear zylindrisch

| Stufe | $\frac{I_1}{A}$ | $\frac{U_{ph}}{V}$ | $\frac{P_1}{VW}$ | $\frac{S_1}{KVA}$ | $\cos \varphi$ |
|---|---|---|---|---|---|
| 1 | 3050 | 9,81 | 70,2 | 89,8 | 0,782 |
| 2 | 3144 | 10,25 | 76,4 | 96,7 | 0,778 |
| 3 | 3317 | 10,7 | 83,3 | 106,5 | 0,782 |
| 4 | 3457 | 11,23 | 91,1 | 116,5 | 0,782 |
| 5 | 3620 | 11,77 | 99,7 | 127,8 | 0,780 |

b. Schaltung: linear flach

| Stufe | $\frac{I_1}{A}$ | $\frac{U_{ph}}{V}$ | $\frac{P_1}{VW}$ | $\frac{S_1}{KVA}$ | $\cos \varphi$ |
|---|---|---|---|---|---|
| 1 | 2336 | 9,5 | 37,2 | 66,6 | 0,557 |
| 2 | 2465 | 10,0 | 41,0 | 73,9 | 0,554 |
| 3 | 2586 | 10,45 | 45,0 | 81,0 | 0,555 |
| 4 | 2716 | 10,97 | 49,6 | 89,3 | 0,555 |
| 5 | 2836 | 11,5 | 54,5 | 97,8 | 0,557 |
| 6 | 2982 | 12,1 | 61,0 | 108,5 | 0,562 |
| 7 | 3115 | 12,62 | 66,3 | 118,0 | 0,562 |
| 8 | 3290 | 13,38 | 74,2 | 132,0 | 0,561 |

<u>Tabelle 4</u>
Mittelwerte aus den Meßergebnissen der elektrischen Daten der zylinderförmigen Induktionspumpe im Leerlauf

# Forschungsberichte des Landes Nordrhein-Westfalen

Herausgegeben im Auftrage des Ministerpräsidenten Heinz Kühn
vom Minister für Wissenschaft und Forschung Johannes Rau

## Sachgruppenverzeichnis

**Acetylen · Schweißtechnik**
Acetylene · Welding gracitice
Acétylène · Technique du soudage
Acetileno · Técnica de la soldadura
Ацетилен и техника сварки

**Arbeitswissenschaft**
Labor science
Science du travail
Trabajo científico
Вопросы трудового процесса

**Bau · Steine · Erden**
Constructure · Construction material ·
Soilresearch
Construction · Matériaux de construction ·
Recherche souterraine
La construcción · Materiales de construcción ·
Reconocimiento del suelo
Строительство и строительные материалы

**Bergbau**
Mining
Exploitation des mines
Minería
Горное дело

**Biologie**
Biology
Biologie
Biologia
Биология

**Chemie**
Chemistry
Chimie
Quimica
Химия

**Druck · Farbe · Papier · Photographie**
Printing · Color · Paper · Photography
Imprimerie · Couleur · Papier · Photographie
Artes gráficas · Color · Papel · Fotografía
Типография · Краски · Бумага · Фотография

**Eisenverarbeitende Industrie**
Metal working industry
Industrie du fer
Industria del hierro
Металлообрабатывающая промышленность

**Elektrotechnik · Optik**
Electrotechnology · Optics
Electrotechnique · Optique
Electrotécnica · Optica
Электротехника и оптика

**Energiewirtschaft**
Power economy
Energie
Energía
Энергетическое хозяйство

**Fahrzeugbau · Gasmotoren**
Vehicle construction · Engines
Construction de véhicules · Moteurs
Construcción de vehículos · Motores
Производство транспортных средств

**Fertigung**
Fabrication
Fabrication
Fabricación
Производство

**Funktechnik · Astronomie**
Radio engineering · Astronomy
Radiotechnique · Astronomie
Radiotécnica · Astronomía
Радиотехника и астрономия

## Gaswirtschaft
Gas economy
Gaz
Gas
Газовое хозяйство

## Holzbearbeitung
Wood working
Travail du bois
Trabajo de la madera
Деревообработка

## Hüttenwesen · Werkstoffkunde
Metallurgy · Materials research
Métallurgie · Matériaux
Metalurgia · Materiales
Металлургия и материаловедение

## Kunststoffe
Plastics
Plastiques
Plásticos
Пластмассы

## Luftfahrt · Flugwissenschaft
Aeronautics · Aviation
Aéronautique · Aviation
Aeronáutica · Aviación
Авиация

## Luftreinhaltung
Air-cleaning
Purification de l'air
Purificación del aire
Очищение воздуха

## Maschinenbau
Machinery
Construction mécanique
Construcción de máquinas
Машиностроительство

## Mathematik
Mathematics
Mathématiques
Matemáticas
Математика

## Medizin · Pharmakologie
Medicine · Pharmacology
Médecine · Pharmacologie
Medicina · Farmacologia
Медицина и фармакология

## NE-Metalle
Non-ferrous metal
Metal non ferreux
Metal no ferroso
Цветные металлы

## Physik
Physics
Physique
Física
Физика

## Rationalisierung
Rationalizing
Rationalisation
Racionalización
Рационализация

## Schall · Ultraschall
Sound · Ultrasonics
Son · Ultra-son
Sonido · Ultrasónico
Звук и ультразвук

## Schiffahrt
Navigation
Navigation
Navegación
Судоходство

## Textilforschung
Textile research
Textiles
Textil
Вопросы текстильной промышленности

## Turbinen
Turbines
Turbines
Turbinas
Турбины

## Verkehr
Traffic
Trafic
Tráfico
Транспорт

## Wirtschaftswissenschaften
Political economy
Economie politique
Ciencias economicas
Экономические науки

Einzelverzeichnis der Sachgruppen bitte anfordern

Westdeutscher Verlag GmbH
- Auslieferung Opladen -
567 Opladen, Postfach 1620

MIX
Papier aus verantwortungsvollen Quellen
Paper from responsible sources
FSC® C105338

If you have any concerns about our products,
you can contact us on
ProductSafety@springernature.com

In case Publisher is established outside the EU,
the EU authorized representative is:
Springer Nature Customer Service Center GmbH
Europaplatz 3, 69115 Heidelberg, Germany

Printed by Libri Plureos GmbH
in Hamburg, Germany